AF613471

MEMOIRE
SUR
LES OUVRAGES
EN FER ET EN ACIER.

MEMOIRE
SUR
LES OUVRAGES
EN FER ET EN ACIER,

Qui se fabriquent dans la Manufacture Royale d'Essonne par le moyen du Laminage, & qui se vendent à Paris chez le Sr BULLOT, rue des Bourdonnois vis-à-vis la rue des Mauvaises-Paroles.

A PARIS,

Chez DURAND, ruë St. Jacques, au Griffon.

M. DCC. LIII.

Avec Approbation.

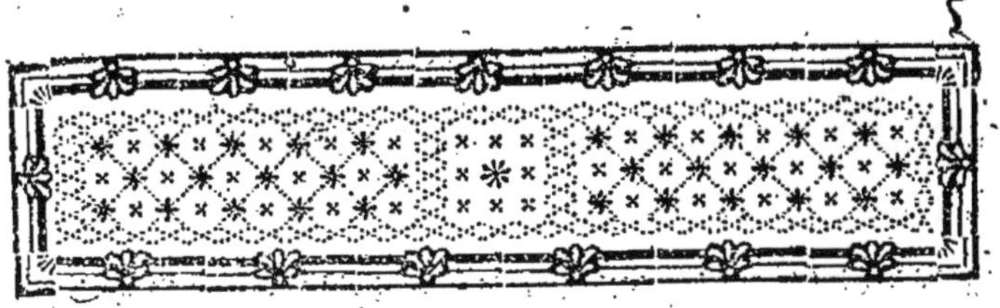

MÉMOIRE SUR LES OUVRAGES EN FER ET EN ACIER.

Les Machines, nouvellement inventées, pour fabriquer par le moyen du Laminage, en peu de tems & dans la plus grande perfection, différens ouvrages en Fer & en Acier, réunissent tant d'avantages considérables, qu'on croit faire plaisir au Public de lui en faire part. C'est au Sr Chopitel, Maître Serrurier à Paris, qu'on est redevable de ces importantes découvertes : Il inventa d'abord en 1750 une machine, qui, par le moyen de moulins à eau peut tailler en très-peu de tems une douzaine de Limes à la fois & même davantage. Cette machine fut examinée & approuvée par Messieurs de l'Académie des Sciences ; & ce fut sur leur rapport & sur l'avis de Messieurs les Députés du Commerce, que le Roi accorda au Sr Chopitel un Privilege exclusif, pour fabriquer des Limes conformément à la machine dont il étoit l'Inventeur.

Il établit aussitôt un moulin à Essonne sur la riviere d'Etampe. Mais en s'appliquant à construire & à perfectionner sa machine aux Limes, il imagina la maniere de profiler, par le moyen d'un Laminoir, compoſé de deux cylindres, des plate-bandes de fer de différentes moulures, pour faire des balcons, des rampes d'eſcaliers, des montans, des traverſes, des cadres propres à faire des croiſées de fenêtres, des tringles & d'autres ouvrages de Serrurerie.

Cette nouvelle découverte lui parut très-utile : il la communiqua à Meſſieurs de l'Académie des Sciences, qui l'honnorerent encore de leur approbation ; & il obtint du Roi un nouveau Privilege excluſif pour cette nouvelle machine ; mais n'étant pas en état de fournir par lui-même les fonds néceſſaires pour en faire l'établiſſement, il forma une compagnie qui s'aſſocia à ſon privilege, & à tous ceux qu'il pourroit obtenir dans la ſuite. En attendant qu'on puiſſe parvenir à l'entiere perfection de la machine à tailler des Limes, les Entrepreneurs ſe ſont appliqués avec le plus grand ſoin à faire fabriquer dans leur manufacture d'Eſſonne différens autres ouvrages de Serrurerie conformément à l'invention du Sr Chopitel.

Ces ouvrages ſont d'autant plus dignes de l'attention, on diroit preſque de l'admiration du Public, qu'ils réuniſſent trois avantages conſidérables, que les autres ouvrages qui ſe fabriquent ſelon les pratiques ordinaires ne ſçauroient avoir, avec quelque précaution qu'on les faſſe. *Ils ſont plus parfaits, plus ſolides & à meilleur marché* : trois conſidérations bien importantes, & qui étant bien connuës, ne peuvent manquer de faire impression sur le Public, & l'engager à donner la préférence aux différens ouvrages qui sortent de la manufacture d'Essonne. On va en faire ici le détail dans la plus exacte vérité : on n'avancera rien qui ne soit constaté par des expériences réitérées, & confirmé par le rapport de Messieurs les Commissaires de l'Académie des Sciences, & par Messieurs les Députés du Commerce.

Peu de personnes ignorent, qu'avant la nouvelle invention du Sr Chopitel, on s'est toujours servi d'une piece d'acier profilée, qu'on appelle Estampe, pour donner des profils aux plate-bandes de fer ; cette manœuvre est très lente & sujette à bien des inconvéniens. On ne peut imprimer les moulures que sur une très-petite partie du fer qu'on veut profiler : il faut sans cesse la remettre au feu : & quelque précaution que l'on prenne, il s'y trouve toujours bien des défauts, & sur tout bien des inégalités, parce qu'il est moralement impossible d'appliquer constamment l'Estampe selon la même ligne.

La machine du Sr Chopitel, dont on se sert avec le plus grand succès dans la manufacture d'Essonne, obvie admirablement à tous ces inconvéniens : non seulement elle facilite les opérations, mais encore elle en diminue le nombre.

On se croit dispensé avec d'autant plus de raison de donner ici la description de cette machine, qu'elle n'est point de l'objet de ce Mémoire ; & que ceux qui ſouhaiteront de connoître la maniere dont elle eſt conſtruite, pourront lire le Rapport que Meſſieurs les Commiſſaires de l'Académie, nommés pour l'examiner, en ont fait *.

On ſçait que laminer un metal, n'eſt autre choſe que le réduire à une moindre épaiſſeur par le moyen d'une forte & d'une égale compreſſion. Ce n'eſt pas au Sr Chopitel qu'on doit l'invention du Laminage : il y a long-tems que cet art eſt connu en Europe, & qu'on s'en ſert avec ſuccès pour le cuivre, pour le plomb & pour le fil-d'archal. Mais on croit pouvoir avancer que perſonne, avant lui, n'en avoit appliqué l'uſage au

* On l'a fait imprimer à la fin de ce Mémoire.

fer, d'une maniere aussi étendue & aussi avantageuse pour le Public. Voici en peu de mots comment on s'y prend : On fait rougir dans un four à reverbere la bande de fer qu'on veut profiler ; on la présente au Laminoir, composé de deux cylindres dont l'un est profilé sur sa circonférence : ces deux cylindres sont menés par des rouës à Eau : la bande saisie par ces deux cylindres & entraînée par leurs mouvemens, s'allonge presque de moitié & se profile admirablement par une seule opération sur toute sa longueur, & cela en très-peu de tems. L'uniformité & la continuité des mouvemens des rouës à eau contribue sans doute beaucoup à la netteté & à la correction des profils. On n'y apperçoit ni défauts, ni irrégularités. Aussi ne craint-on pas de dire qu'on n'a jamais vû jusqu'à présent d'ouvrages en ce genre plus finis ; le fond en est parfaitement glacé ; les différens profils y sont imprimés dans la plus exacte précision, & y sont rendus de la maniére la plus agréable à la vue *.

Outre les plate-bandes, dont nous venons de parler, propres pour les rampes d'escaliers, balcons, &c. on fabrique dans la même manufacture des fers en lame ou de calibre pour remplir les paneaux des balcons & les rampes d'escaliers, des Estampes en acier pour imprimer les moulures & profils sur les endroits soudés des plate-bandes,

* On trouvera à la fin de ce Mémoire les figures des differentes plate-bandes.

des fers profilés deſſus & deſſous pour faire des montans, des traverſes, des cadres & autres piéces propres à faire des croiſées de fenêtres en fer, dont l'uſage ne peut être que très-utile & très-agréable au Public : on en a fait conſtruire pluſieurs toutes prêtes à être miſes en place ; l'on peut les voir au magaſin : ces croiſées ont une infinité d'avantages ſur celles de bois.

1°. Elles dureront autant & davantage que les bâtimens les plus ſolides : en les bruniſſant à chaud avec l'huile & le bitume qui pénétrent juſqu'au centre, il n'y aura point à craindre que la rouille puiſſe s'y attacher.

2°. Elles ne ſeront jamais ſujettes à ſe déjetter comme celles de bois, que l'on eſt ſouvent obligé de rabotter pour les ouvrir & les fermer; il n'y aura point à craindre que la séchereſſe donne paſſage aux vents coulis.

3°. Ces croiſées de fer donneront beaucoup plus de jour que celles de bois, parce que les dormans, les montans & les traverſes ſont de deux tiers moins larges.

4°. Les jets-d'eau étant faits dans la plus grande préciſion, il eſt évident que pendant les pluies & les orages, la moindre goutte d'eau ne pourra pénétrer en dedans.

Outre ces avantages, ces croiſées étant bronzées à chaud, miſes en couleur & vernies, la rouille ne s'y attachera jamais, & il en réſultera un ornement agréable à la vue.

Quoique ces croisées soient de fer, la matiere en est néanmoins tellement ménagée, qu'elles ne sont pas considérablement plus pesantes que celles de bois de chêne. Celles qui sont actuellement au magasin portent six pieds huit pouces sur quatre pieds de large, & elles ne pesent cependant que cent cinquante livres ; ce qui est à peine le double de celles de bois de chêne de la même portée. Et si celles de fer étoient en glace & à carreaux de deux pieds de hauteur & larges à proportion, comme on en voit beaucoup, il y entreroit moins de fer, & par conséquent elles seroient plus légéres, donneroient encore plus de jour, & seroient moins dispendieuses, tant en matiere qu'en main d'œuvre.

Les Tringles qui ſe fabriquent dans la même manufacture font encore un objet très-conſidérable de l'entrepriſe : l'on peut dire même que c'eſt celui qui a le plus coûté pour l'amener au point de perfection où il eſt.

Ces tringles ſe tirent au cylindre comme les plate-bandes, enſuite par la filiere pour les ébarber, & par une autre filiere qui les redreſſe parfaitement ; après quoi elles ſe blanchiſſent ſur une grande meule à l'eau, & ſe poliſſent ſur une autre meule à ſec ; toutes ces meules, ainſi que les cylindres & filieres, tournant & virant par des moulins à eau.

Ces tringles ſont de différentes groſſeurs & de différentes longueurs percées, & non percées : Elles conviennent à toutes ſortes de rideaux de fenêtres, d'alcoves, de lits; & elles sont propres à faire des Espagnolettes & d'autres ouvrages. Elles sont parfaitement rondes & droites, blanchies & polies comme le crystal, desorte que l'on peut avancer qu'il n'y a peut-être jamais eu d'ouvrages en ce genre plus parfaitement finis & plus applaudis.

On y fabrique aussi des Espagnolettes de différentes hauteurs & grosseurs ; elles sont faites avec les tringles dont on vient de parler; elles conviennent aux fenêtres, aux portes & aux armoires.

Voilà les principaux ouvrages qui se fabriquent dans la manufacture d'Essonne, & dont le magasin est établi à Paris : on ose dire que tous ceux qui se donneront la peine de venir les voir, ſeront frappés de leur *beauté* & de leur *perfection*; c'eſt le premier avantage qu'ils ont ſur ceux qu'on a forgés juſqu'à préſent ſelon l'uſage ordinaire. Ils en ont un ſecond également capable de prévenir en leur faveur ; c'eſt qu'ils ſont plus ſolides que les autres qu'on employe ordinairement.

Le raiſonnement & l'expérience concourent également à prouver que le fer qui a paſſé par le laminage acquiert plus de force & de ſolidité qu'il n'en avoit auparavant, & que ne peut lui en donner l'inégalité des coups redoublés du marteau. C'eſt un effet néceſſaire du choc de comprimer inégalement & par ſecouſſes ; ce qui fait que, tandis que certaines parties du fer forgé ſont fortement comprimées, les autres le ſont moins ou le ſont dans des directions contraires ; d'où il arrive qu'il ne peut jamais être égal dans ſon épaiſſeur ; & de-là réſulte la diviſion & le tiraillement de ſes parties, qui occaſionnent des ruptures ineſpérées dans les plus groſſes maſſes de fer, forgées au marteau. Outre cela, une longue barre de fer ſimplement forgée & miſe à différentes repriſes à un feu ſouvent inégal, y reçoit néceſſairement différens dégrés de chaleur : ce qui évidemment doit produire un mouvement inégal dans ſes différentes parties, & par conſéquent une preſſion inégale ; en ſuppoſant même, ce qui eſt moralement impoſſible, que les coups de marteaux ſoient appliqués en égal nombre & avec une égale force.

Il n'en est pas ainsi du fer qui a passé par le Laminoir. La pression que les différentes parties du métal y reçoivent est continue & uniforme; les deux Cylindres, parfaitement paralléles, étant constamment entraînés dans un même sens par une force toujours égale, communiquent nécessairement une égale pression à toutes les parties, & les forcent de s'allonger & de prendre des figures régulieres & semblables. La barre de fer qu'on doit présenter au Laminoir a reçu dans toutes ses parties un même dégré de chaleur, étant rougie dans un four à reverbere; ce qui rend la plus longue bande de fer qui a passé par le laminage parfaitement égale dans toute ſa largeur & dans toute ſa longueur, & ce qui contribue ſans doute beaucoup à l'union & à la ſolidité de ſes parties. auſſi après que les bandes de fer ont paſſé entre les deux Cylindres, ſi on les rompt, on y apperçoit également dans toute l'épaiſſeur des filamens, des parties ſaillantes qui s'inſinuent & s'entortillent les unes dans les autres; & c'eſt ce qu'on appelle communément le *Nerf* dans le bon fer. On n'y apperçoit rien de ſemblable avant de le paſſer au laminage: au contraire, les deux bouts qu'on a rompus ſemblent ſe toucher par des parties plattes, en forme de facettes; auſſi le rompt-on avec bien plus de facilité avant le laminage qu'après; ce qui démontre invinciblement que tant s'en faut que le laminage diminue la qualité du fer, qu'au contraire il le rend plus fort & plus nerveux.

Les différens ouvriers qui l'ont employé, en ont toujours rendu ce témoignage; & ils ont avoué qu'ils n'en ont jamais trouvé de plus flexible, de plus malléable & de plus aiſé à couder & à ceintrer ſans que les moulures & les profils s'alterent. C'eſt donc ſans aucun fondement que des perſonnes mal inſtruites, ou peut-être mal intentionnées, ont fait courir le bruit que le fer que l'on fabrique dans la manufacture d'Eſſonne, par le moyen du laminage, eſt aigre & caſſant. On en appelle à l'expérience: Meſſieurs les Commiſſaires de l'Académie des Sciences l'ont faite, & ils en ont porté le jugement le plus favorable, comme on peut le voir dans le Raport qu'ils en ont fait *.

C'eſt donc avec raiſon qu'on a avancé que le fer laminé eſt à tous égards ſupérieur à celui dont on s'eſt ſervi juſqu'à préſent.

Il réſulte cependant encore un troiſiéme avantage de la nouvelle machine du ſieur Chopitel : c'eſt que, par le moyen du laminage, non ſeulement les ouvrages ſe fabriquent plus *parfaitement* & plus *ſolidement* ; ils ſe fabriquent encore avec plus de promptitude & avec moins de frais : d'où il s'enſuit que les Entrepreneurs peuvent fournir

* On pourra le lire à la fin de ce Mémoire.

les

les différens ouvrages qu'ils font fabriquer dans leur manufacture d'Eſſonne, *à beaucoup meilleur marché*, que ne peuvent les fournir tous ceux qui les fabriquent ſelon les pratiques ordinaires.

Et afin que le Public en ſoit parfaitement convaincu, on trouvera ici le prix fixé pour chaque eſpéce d'ouvrage. Ceux qui en ont acheté, ou fait faire juſqu'à préſent, ailleurs que dans la nouvelle manufacture Royale d'Eſſonne, conviendront aiſément qu'on n'en impoſe pas au Public.

PRIX

Des Ouvrages en Fer & en Acier de la Manufacture Royale d'Essonne, qui se vendent dans la même manufacture, & à Paris ruë des Bourdonnois, vis-à-vis la ruë des mauvaises Paroles, chez le Sr BULLOT.

SÇAVOIR:

Plate-bandes de toute espéce & de différents profils, ébarbées & prêtes à être employées, à sept sols la livre cy* 7 s.

* Ces Plates-bandes ont été vendues d'a-

Fers en lames ou de Calibre pour remplir les panneaux des balcons & rampes d'eſcaliers à quatre ſols ſix deniers la livre-cy 4 ſ. 6 d.

Eſtampes en acier pour imprimer les moulures & profils ſur les endroits ſoudés des plate-bandes, à vingt ſols la livre, cy 20 ſ.

Fers profilés deſſus & deſſous de toute eſpéce & de différentes

bord non ébarbées ſix ſols la livre ; mais ſur les plaintes que quelques particuliers ont faites qu'en cet état il y avoit du déchet & des frais pour la main d'œuvre ; les Entrepreneurs ſe ſont déterminés à les vendre toutes ébarbées à raiſon de ſept ſols la livre: Ainſi cette augmentation d'un ſol par livre ne doit pas ſurprendre ; ce changement de prix eſt plutôt onéreux aux Entrepreneurs qu'au public.

moulures, pour faire des croiſées de fenêtres, à douze ſols la livre, cy 12 ſ.

Tringles de différentes groſſeurs & longueurs percées & non percées, à huit ſols la livre cy 8 ſ.

Eſpagnolettes de différentes hauteurs & groſſeurs, propres à différens uſages, à vingt ſols le pied, cy 20 ſ.

Si ſelon l'étendue du terrein on ſouhaitoit d'avoir des plate-bandes plus larges & plus épaiſſes, on pourroit en donner avis au Commis, Inſpecteur de la manufacture à Eſſonne, ou au Garde magaſin à Paris, avec le deſſein des profils: ſi l'on vouloit en changer les moulures, l'on feroit faire des Cylindres exprès ſi l'objet en méritoit la dépenſe.

Il en eſt de même des Eſpagnolettes : ſi l'on en vouloit d'un goût & d'un travail extraordinaire, il faudroit s'en expliquer & convenir du prix.

Il arrive ſouvent que l'on voudroit faire des ouvrages qui ne peuvent être bien exécutés à l'eſtampe & au marteau, & qui ne peuvent l'être qu'à l'aide des forces mouvantes ; dans ce cas, l'on peut s'adreſſer aux Entrepreneurs de la manufacture, ou à leur Commis, qui en traiteront à des conditions raiſonnables.

RAPPORT

De Messieurs les Députés de l'Académie Royale des Sciences.

Extrait du Régistre de l'Académie Royale des Sciences.

Du 6 Mai 1750.

LA grande consommation que les ouvriers en fer & en cuivre font de Limes de toute espéce, tant d'Allemagne, que d'Angleterre, qui font sortir du Royaume des sommes considérables, a fait naître au sieur Chopitel, Maître Serrurier à Paris, le dessein d'établir aux environs de cette ville, une machine tant pour faire des Limes neuves, que pour retailler celles qui sont déja uſées Mais n'ayant pas trouvé les machines qu'ont imaginé pour cet uſage les ſieurs du Verger, Fardoil & Thioût, propres à remplir ſon projet, il en propoſe une autre de ſon invention, qui, de même que celle du ſieur du Verger ira par le moyen de l'eau, & taillera une douzaine de Limes à la fois, & même davantage, s'il veut. C'eſt cette machine que nous avons examinée par ordre de l'Académie, & dont nous allons rendre compte.

Qu'on ſe repréſente un bâti de bois de cinq à ſix pieds de longueur, quatre pieds de largeur, deux pieds & demi de hauteur par le devant, qui eſt un des longs côtés, & quatre pieds de hauteur par derriere.

Par dessus & presque au bord du devant de la machine, est un arbre quarré en fer posé horisontalement, qui en occupe toute la longueur : cet arbre porte vers ses deux extrémités deux portions de vis sans fin, qui engrenant chacune à une rouë, font tourner deux vis portées de devant en arriére, dont l'usage est de faire marcher insensiblement le Porte-lime de devant en arriére, ou de derriére en avant, à mesure que les Limes se taillent : car cette machine taillera dans les deux mouvemens, c'est-à-dire, pendant l'aller & le venir du Porte-limes : ce que ne peuvent pas faire celles dont il est parlé dans le Recueil des machines approuvées par l'Académie.

L'espace de l'arbre compris entre les deux portions de vis sans fin, est garni de douze étoiles, qui auront différens nombres de rayons, & qu'on changera selon qu'on voudra que la taille des Limes soit grosse ou fine.

Les rayons de ces étoiles font lever les marteaux, de quelque sens que l'arbre tourne, au moyen de deux plans inclinés & renversés qui les terminent, semblables aux sautoirs des répétitions ; ils sont placés sur le devant de la tête de chaque marteau, à-peu-près comme aux moulins à foulon, ou encore mieux comme aux moulins à papier : les manches des marteaux sont attachés sur le derriere du bâti, où ils jouent autour d'une cheville.

Au devant du manche de chaque marteau, eſt fixé par une de ſes extrémités, un fort reſſort de dix-huit pouces de longueur, ayant ſon autre extrémité au deſſous de la tête du marteau : cette extrémité du reſſort a un collet à charniere pour recevoir le ciſeau, où l'on peut le tourner du ſens qu'on veut; ou pour mieux dire, l'ouverture de ce collet ſera quarrée, de même que la queuë du ciſeau : par là, quand la premiere taille ſera faite, il n'y aura qu'à faire faire un quart de tour au ciſeau, reſſerrer le collet ; & le ciſeau ſe trouvera placé pour la taille ſuivante.

Cette machine eſt différente de celle des ſieurs du Verger & Fardoil, qui ſont dans le Receuil des Machines approuvées par l'Académie.

1°. A celles-là, le Porte-lime est tiré par une corde qui, étant capable de ressort, peut occasionner des inégalités dans la taille de la Lime : au lieu qu'ici, le Porte-lime étant mené par deux vis, une à chaque bout, dont les écrous sont de deux piéces, lorsqu'ils prendront du jeu, on pourra toujours les resserrer par le moyen de deux petites vis de pression, de la même maniére qu'on serre les arbres des tours.

2°. A celles des sieurs du Verger & Ferdoil, on ne taille qu'en tournant d'un sens : & quand les Limes sont au bout, il faut tourner les cylindres en ſens contraire, pour ramener les Limes au commencement : au lieu qu'à celle du ſieur Chopitel, quand les Limes ſeront arrivées au bout de leur courſe par la premiere taille, on n'aura qu'à retourner les ciſeaux pour la ſeconde, & faire marcher un verrouil, comme à la machine à laminer le plomb, alors le Porte Lime rétrogradant avec la même vîteſſe, la ſeconde taille ſe fera, ſans qu'il y ait d'autre retard que celui qui eſt néceſſaire pour retourner les ciſeaux; ce qui ſe fait très-promptement.

Cette machine eſt ſimple & ingénieuſe : elle peut être conſtruite auſſi ſolidement qu'on voudra, & qu'il ſera néceſſaire. Nous la jugeons très-propre à produire l'effet que ſe propose le sieur Chopitel, & nous croyons qu'elle mérite l'approbation de l'Académie. *Signé*, DE MONTIGNY DE PARCIEUX.

RAPPORT

De Messieurs les Commissaires de l'Académie des Sciences.

Du 23 Décembre 1752.

L'Académie nous ayant chargés de lui rendre compte d'un moulin, établi à Essonne, pour profiler des plate-bandes de fer, des montans de croisées, des tringles & autres ouvrages de Serrurerie, nous allons mettre sous ses yeux un Extrait de notre Rapport, déposé au Bureau du Commerce. Jusqu'à présent on s'est servi de l'Estampe pour donner des profils aux plate-bandes de fer. L'Estampe est une piéce d'acier, profilée sur sa largeur, qui est de deux pouces environ : c'est dans ce profil que l'on moule à chaud, & peu à peu, les plate bandes à grands coups de marteau : on commence par ébaucher la plate-bande sur l'Estampe, & l'on y revient à plusieurs reprises, jusqu'à ce qu'elle soit bien profilée ; cette manœuvre est très-longue, elle fait consommer beaucoup de charbon, parcequ'on ne peut chauffer à la fois qu'une très-petite partie de la piéce, & qu'on est obligé de la remettre souvent au feu. Quelque soin qu'on prenne pour perfectionner sur l'Estampe les plate-bandes profilées, il s'y rencontre souvent des défauts qu'on est obligé de réparer, & quelquefois même il est impossible de les réparer.

Le moulin du ſieur Chopitel nous paroît très-propre à lever ces inconvéniens ; c'eſt un Laminoir compoſé de deux cylindres de fer, dont l'un eſt profilé ſur ſa circonférence, pour imprimer ſur les plate bandes les moulures qu'on veut leur donner.

Les deux cylindres de ce Laminoir ſont menés par deux roues à l'eau, établies dans la même courciere : le cylindre inférieur eſt mené immédiatement par le tourillon de la premiére roue à l'eau ; dont le bout, qui ſe termine par un quarré, ſe joint au quarré de ce cylindre, par le moyen d'une boëte de fer.

L'autre cylindre eſt mené par

la seconde roue à l'eau, au moyen de plusieurs renvois de rouës dentées, & de lanternes qui le font tourner en sens contraire du premier cylindre.

Ces deux cylindres étant en mouvement, on présente la bande de fer rouge au profil qu'on y veut imprimer : saisie entre les deux cylindres, & entraînée par leur mouvement, elle s'allonge & se profile d'une seule opération, sur toute sa longueur en très peu de tems.

Pour empêcher que la bande de fer qu'on lamine ne s'enveloppe autour du cylindre profilé, un ouvrier la saisit avec la pince, aussitôt qu'elle commence à passer de l'autre côté du cylindre, & la contient jusqu'à ce qu'elle soit entiérement sortie.

Nous avons fait tirer ainsi à Essonne & imprimer différens profils en notre présence, six bandes de fer de quinze à dix-huit pouces de longueur sur un pouce de largeur : elles ont pris des profils plus corrects & plus vifs que ceux qu'on pourroit leur donner avec l'Estampe.

Un fourneau, semblable aux fourneaux de refente, est établi à côté du Laminoir : on y pourra chauffer un millier de fer à la fois, pour le passer immédiatement sous le laminoir, ce qui fait un très-grand objet d'œconomie.

Il s'ensuit que le sieur Chopitel peut fournir à moindre frais des plate bandes & autres piéces de fer, mieux profilées que celles qu'on fait par les pratiques ordinaires ; sa machine réunissant trois avantages considérables, plus de promptitude dans l'opération, plus d'épargne sur le charbon, & plus de perfection dans ses profils.

Pour connoître si ce laminage ne change point la qualité du fer, nous avons fait rompre une barre de fer devant & après l'expérience faite à Essonne, le vingt huit Janvier mil sept cent cinquante-un.

Avant l'expérience, le fer étoit aigre ; les deux bouts rompus sembloient se toucher par des facettes dans toute l'épaisseur de la bande ; on y voyoit peu de parties ſaillantes dans les bouts rompus. Après l'expérience, on voyoit de part & d'autre dans toute l'épaiſſeur des filamens, des parties ſaillantes en forme de lames plattes & allongées, c'eſt ce que les ouvriers appellent le nerf dans les fers doux, & c'eſt à cette marque qu'on les reconnoît pour être de bonne qualité.

Il paroît donc que le fer acquiert de la qualité par le laminage, ce qu'on ſçavoit d'ailleurs par les expériences faites dans les Fabriques de fil d'archal. Une bande d'un pied de longueur s'eſt allongée juſqu'à vingt-deux pouces par le laminage.

Le ſieur Chopitel ſe propoſe

de profiler des fers deſſus & deſſous, en faiſant des contre-parties entaillées dans le cylindre ſupérieur ; ce qui ne peut pas manquer d'avoir le même ſuccès, pourvû que les deux cylindres n'aient aucun mouvement horiſontal : & c'eſt une nouveauté utile, car il eſt impoſſible de profiler une piéce ſous ſes deux ſens oppoſés avec l'Eſtampe.

Cette invention nous paroît très-bonne pour profiler des montans, des traverſes, des quadres, propres à faire des croiſées de fenêtres en fer, dont l'uſage feroit très-avantageux pour le Public ; & c'eſt peut-être le ſeul moyen de les faire à bon marché.

Le ſieur Chopitel ſe ſert d'une des rouës de ſon moulin pour mouvoir un martinet de deux cent livres, par le moyen d'un hériſſon de fer à palettes appliqué ſur l'arbre de cette rouë; c'eſt avec ce martinet qu'il abbat les angles des barreaux, & prépare les plate-bandes pour les faire paſſer au Laminoir. Mais pour plus grande œconomie, il ſe propoſe de les faire préparer aux groſſes forges.

L'autre rouë doit ſervir à mouvoir les marteaux d'une machine à tailler les Limes, inventée par le ſieur Chopitel, & approuvée par l'Académie, pour laquelle ledit ſieur Chopitel a déja obtenu un Privilége excluſif.

Toutes ces machines pourront travailler indépendamment l'une de l'autre. On peut arrêter & faire mouvoir à volonté les rouës à l'eau, en ouvrant & fermant une vanne à la tête de la courciére, par le moyen d'une baſculle placée dans l'attelier.

Ces inventions du ſieur Chopitel nous paroiſſent utiles au Public, ſes machines ſimples & ſolides ; & nous croyons qu'elles méritent l'approbation de l'Académie, *Signé*, CAMUS DE MONTIGNY.

Au deſſous eſt écrit :

Je certifie les Extraits ci-deſſus conformes à leurs originaux, & au jugement de l'Académie. A Paris, ce vingt-quatre

Décembre mil sept cent cinquante deux. *Signé* GRAND-JEAN DE FOUCHY, *Secrétaire perpétuel de l'Académie Royale des Sciences.* A côté, est un cachet de cire rouge.

FIN.

J'AI lû par Ordre de Monseigneur le Chancelier un *Mémoire sur les Ouvrages en Fer & en Acier, qui se fabriquent dans la Manufacture Royale d'Essonne, par le moyen du Laminage*, & je n'y ai rien trouvé qui doive en empêcher l'impression. A Paris ce 9 Février 1753.

DEPARCIEUX.

De l'Imprimerie de MOREAU.

EXPLICATION DES FIGURES.

PLANCHE PREMIERE.

LA Figure A repréſente ce que portent d'épaiſſeur & de largeur les deux battans de Fenêtre, lorſqu'ils ſont joints enſemble. Au portant il y a une plate-bande à doucine, & à l'autre une plate-bande unie, ſur laquelle on poſe l'Eſpagnolette; ces deux morceaux portent auſſi chacun une feillure pour poſer les verres, qui ſont marqués *aa*.

La Figure B ſert pour les deux montans des chaſſis, dont la partie creuſe, marquée *b*, ſert à la jonction de la figure *c*; & l'autre partie creuſe, marquée *o*, ſert à ajuſter une aîle de fiches.

La Figure C ſert pour les deux piéces montantes des chaſſis à verre ; d'un côté eſt la feillure pour les verres, & de l'autre un eſpéce de talon, dont la partie ronde, marquée *c*, loge dans la partie creuſe marquée *b* de la figure B, & la partie creuſe *o* du même talon ſert à ajuſter les fiches.

La Figure D ſert pour faire les deux traverſes du chaſſis dormant; & pour les traverſes du chaſſis à verre, on ſe ſert d'une piéce, qui eſt comme la figure C, ſinon qu'elle eſt quarrée du côté du talon.

La Figure E ſert pour les petits fers, dont un côte eſt à deux doucines, & l'autre à deux feuillures, marquées *ee*, dans leſquelles on verra ſur la planche ſeconde, comment les verres y ſont arrêtés.

PLANCHE II.

La Figure F repréſente quatre carreaux de vitres, un peu grands, afin qu'on puiſſe mieux appercevoir ce qui arrête les verres, qui eſt une petite roſette, ſoutenuë par une vis.

La Figure G repréſente le jet d'eau, qui doit être attaché au chaſſis à verre: la partie *g* repréſente un des priſonniers, qui ſert à l'attacher, moyennant une rivure en dedans dudit chaſſis.

La Figure H repréſente le jet d'eau qui doit être attaché au chaſſis dormant: la partie *h* repréſente un des priſonniers qui ſert à l'attacher, moyennant une rivure comme celui du chaſſis à verre.

PLANCHE III.

Elle ne contient qu'une croisée de six pieds & demie sur quatre pieds de large, telle qu'on en voit une toute ajustée & montée dans le magasin ; on verra avec plaisir la propreté, & la légereté dont elle est faite avec lesdits fers.

PLANCHE IV.

Elle contient plusieurs sortes de moulures des plate-bandes, qui ont déja été faites pour les appuis des rampes & des balcons. On peut en faire de différentes autres figures.

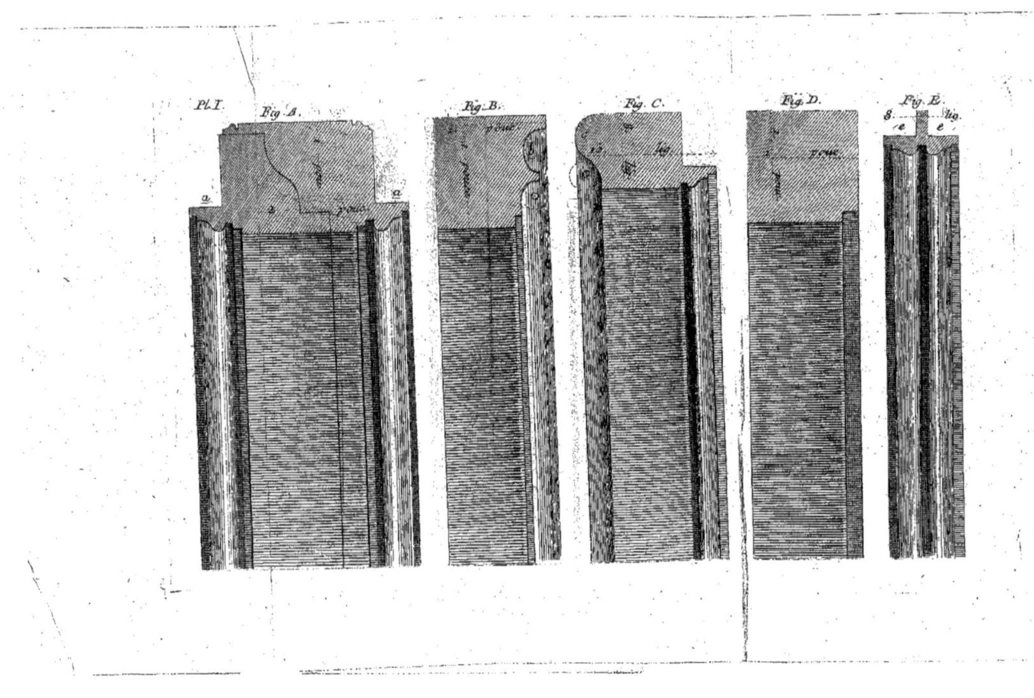

Pl. I.
Fig. A.
Fig. B.
Fig. C.
Fig. D.
Fig. E.

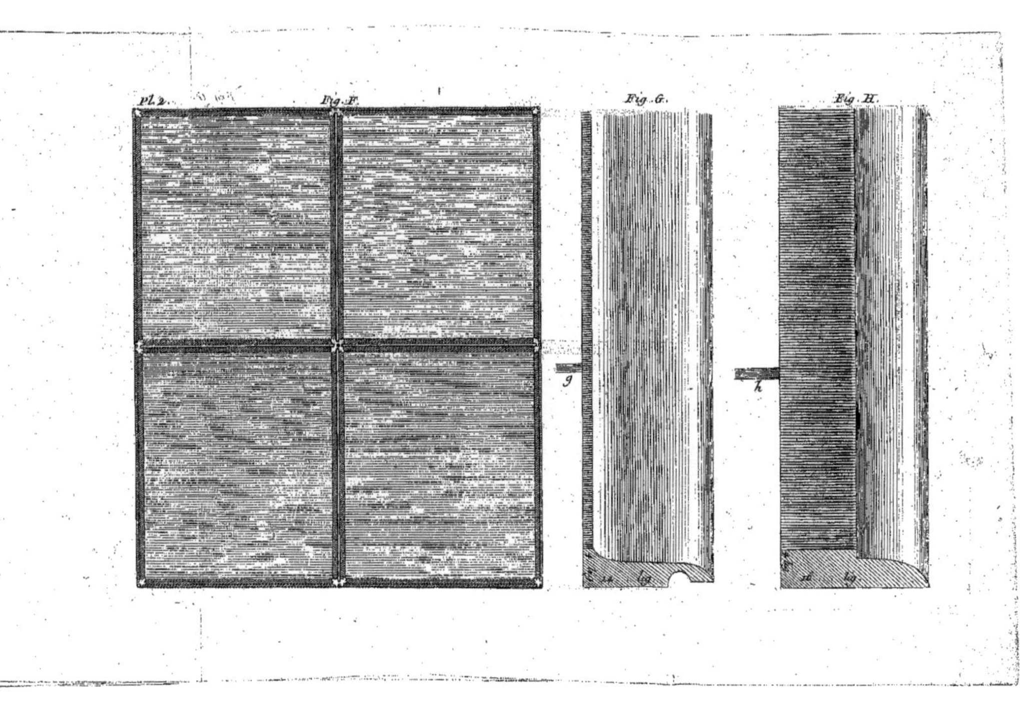
Pl. 2.
Fig. F.
Fig. G.
Fig. H.
g
h

Pl. 3.

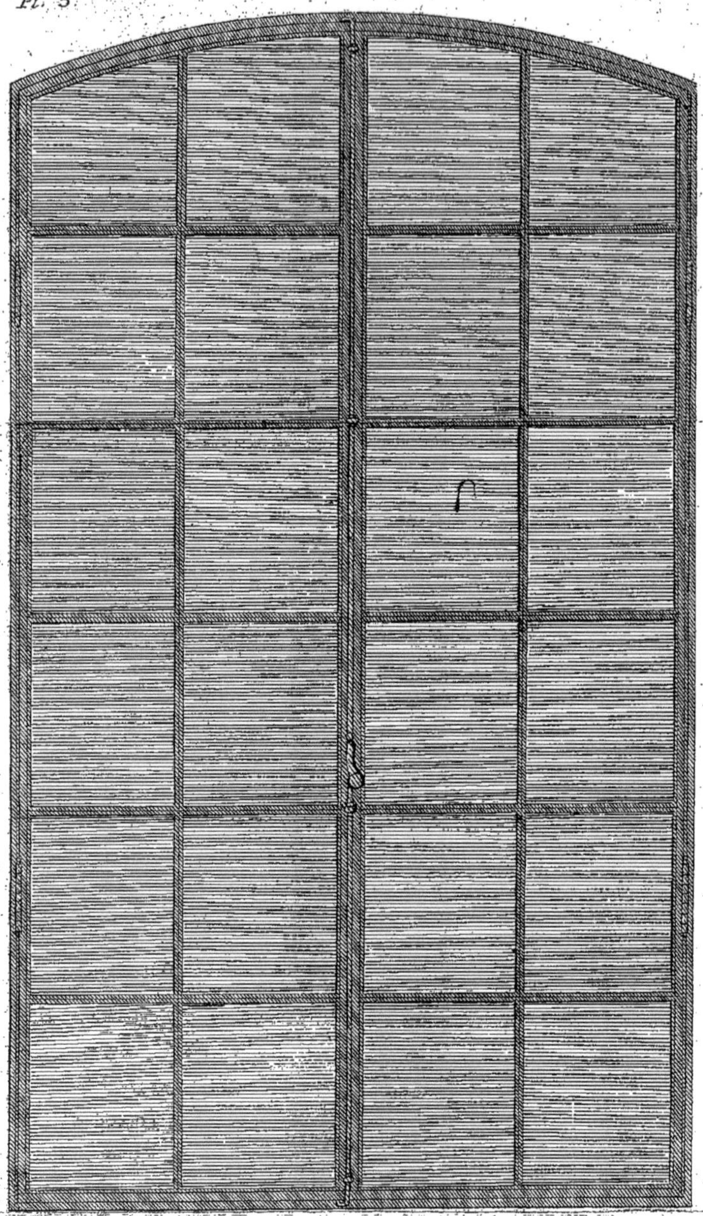

Echel. de 4. Pied.

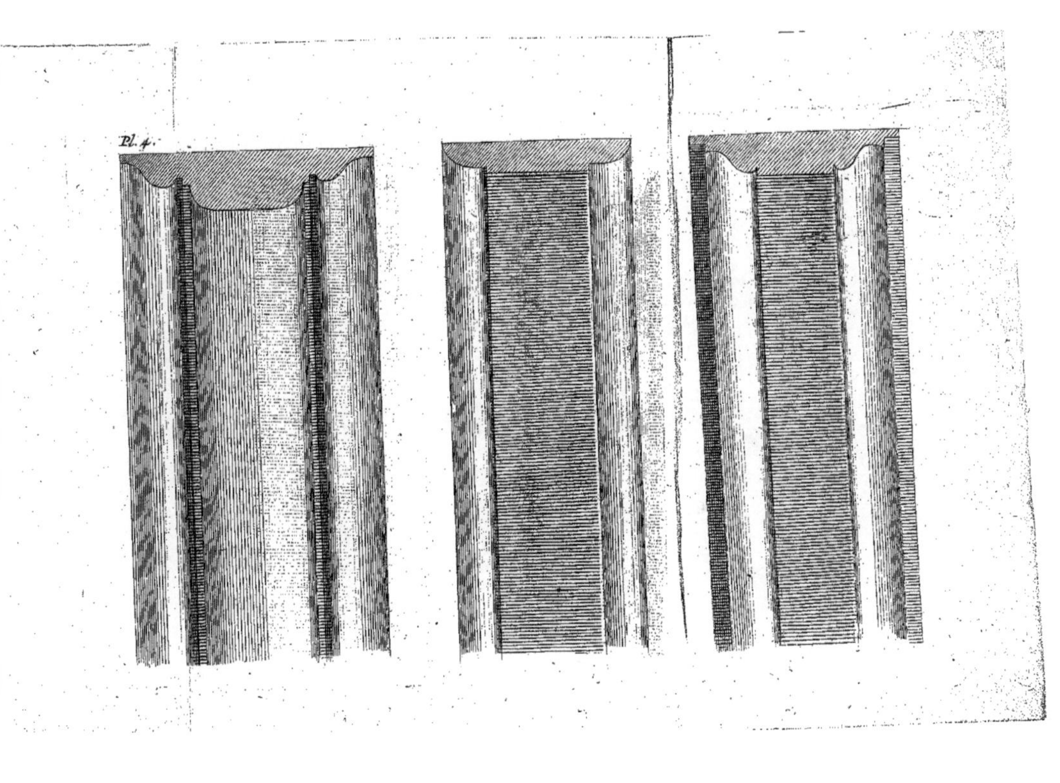
Pl. 4.